ENSEIGNEMENT
INDUSTRIEL

PAR

L. JAMART

MÉMOIRE

COURONNÉ PAR LA SOCIÉTÉ ACADÉMIQUE DE SAINT-QUENTIN
DANS SA SÉANCE DU 13 NOVEMBRE 1864

SAINT-QUENTIN
IMPRIMERIE HOURDEQUIN ET THIROUX, RUE DU PALAIS-DE-JUSTICE, 28

MDCCCLXV

ENSEIGNEMENT INDUSTRIEL.

« Suivons le monde du côté où il marche. »
(*Circulaire de* M. Duruy, 2 *octobre* 1865.)

ENSEIGNEMENT INDUSTRIEL

QUESTION PROPOSÉE

PAR LA

SOCIÉTÉ ACADÉMIQUE DE SAINT-QUENTIN.

Démontrer l'utilité d'un Enseignement industriel applicable à Saint-Quentin. — Indiquer les conditions et le programme de cet Enseignement.

SAINT-QUENTIN.

Imprimerie et Lithographie HOURDEQUIN & THIROUX, rue du Palais-de-Justice, 23.

1865.

SAINT-QUENTIN.

Imprimerie HOURDEQUIN et THIROUX, rue du Palais-de-Justice, 23.

PRÉFACE.

Nous devons dire, en quelques mots, à quelle époque nous avons essayé de traiter la question de l'Enseignement industriel.

Depuis longtemps, nous cherchons à joindre aux préceptes moraux et religieux que réclame l'éducation, une instruction primaire assez complète d'une application presque immédiate. Tel a été notre but depuis bientôt 12 ans.

A cet effet, nous avons toujours suivi pas-à-pas les progrès de l'instruction primaire ; pas une cérémonie se rattachant aux travaux classiques et signalée par la publicité, pas une seule exposition des cours de dessin de la localité ne nous a trouvé indifférent ; toujours enfin nous avons cherché à connaître, à constater, à juger et par suite nous avons modifié notre manière d'instruire, pour ce qui est des améliorations professionnelles.

Après avoir pressenti depuis longtemps les besoins d'un enseignement local, avoir entendu de notre premier administrateur les paroles d'encouragement et les craintes que lui inspire la concurrence étrangère, nous avons été heureux de voir que la Société académique, amie et protectrice de l'instruction et de nos intérêts, mettait à l'ordre du jour la question de l'enseignement industriel.

Nous nous sommes mis à l'œuvre. Toutefois nous croyons devoir dire que le travail que nous présentons était terminé à l'époque où certains journaux de la localité publiaient une série d'articles dans lesquels la question qui nous occupe était traitée avec talent. Nous nous permettrons donc de signaler que ces divers documents viennent corroborer notre travail et donner à nos fortes convictions dans ce que nous proposons, une sanction que nous n'aurions osé espérer.

CHAPITRE I.

Considérations générales.

Honorer le travail manuel est de tendance toute moderne, lisions-nous dernièrement dans un journal d'enseignement (*). En effet, depuis quelques années, tous les moyens sont employés pour faire disparaître ce préjugé ridicule, qui faisait presque mépriser l'homme des champs et celui de l'atelier. Aujourd'hui, grâce à la haute et bienveillante initiative du gouvernement, tous les moyens de perfectionner, d'agrandir, soit nos relations, soit le champ si vaste de notre industrie, soit enfin notre agriculture, tous ces moyens, dis je, sont étudiés, discutés, approuvés s'il y a lieu, et dans tous les cas, accueillis par des hommes compétents et dévoués à leur pays.

Les expositions universelles où l'industrie française est si hautement appréciée, les concours régionaux d'agriculture et les concours d'arrondissement sont là pour prouver qu'aujourd'hui le travail est ennobli ; que là aussi, le mérite personnel et à tous les degrés, est reconnu sans distinction de race, de caste et de famille.

Oui, honneur au travail ! telle doit-être notre devise. Et vous tous, hommes d'intelligence et de cœur ; vous, qui êtes à la fois des artistes manuels et des travailleurs intellectuels ; vous, hommes d'Etat, qui voulez réaliser les grandes choses

(*) *L'Enseignement professionnel.*

que nos pères ont entrevues et indiquées, mettez-vous à l'œuvre ; tendez cordialement la main aux déshérités de la fortune. Que les riches prennent goût au travail des mains, que l'ouvrier trouve l'aide nécessaire pour perfectionner son travail, et, ce jour-là, les préjugés disparaîtront ! « Qu'une noble concurrence s'établisse entre les chefs de l'industrie, entre les sociétés industrielles, entre les villes de fabrique ; alors la France entière, cette belle patrie des idées, n'aura plus d'autres aspirations que de se maintenir au premier rang dans ces luttes pacifiques auxquelles le monde entier est convié par les expositions universelles. »

§ II.

Comme conséquence de cette sympathie générale en faveur du travail, ces idées de capacités industrielles se reportent naturellement sur les générations futures, et, à cette heure, plus que jamais, la question de l'enseignement professionnel est à l'ordre du jour. Je dirai plus ; elle est l'objet de toute la sollicitude éclairée de M. le Ministre de l'Instruction publique. D'ailleurs, n'est-elle pas bien digne de fixer l'attention des esprits sérieux ? Et, la nécessité de cet enseignement ne se fait-elle pas sentir chaque jour de plus en plus ?

Réjouissons-nous donc de ce nouvel élan, et essayons de préciser ces tendances, ces changements, ces innovations que réclament toutes les sommités de la science, depuis MM. Morin et de Tresca, directeur et sous-directeur du Conservatoire d'Arts-et-Métiers, dans leur savant rapport sur l'exposition universelle de Londres, jusqu'au modeste industriel, je dirai même jusqu'à l'instituteur primaire.

C'est que les mêmes besoins se font sentir à tous les degrés; mais préciser, définir, énumérer ces besoins, là est la difficulté, là est l'écueil. Les essais sont nombreux, chaque jour amène une idée nouvelle, mais, à part quelques établissements modèles, l'ensemble de l'enseignement industriel est presque nul.

Ici, il généralise tout, et par cette raison, les résultats sont peu appréciables; là, au contraire, il est trop restreint, alors les résultats obtenus sont sérieux, il est vrai, mais ne répondent pas aux diverses classes qui le réclament.

Ainsi s'explique le petit nombre de villes qui ont le bonheur de posséder cet enseignement reconnu indispensable, sous peine de se voir devancer par nos voisins d'outremer.

Non-seulement ces besoins sont différents, mais à mesure que certaines satisfactions sont obtenues, de nouveaux désirs naissent : car le champ du travail s'étend indéfiniment.

Quoiqu'il en soit et malgré notre faible mérite, essayons d'étudier la question proposée par la Société Académique de Saint-Quentin :

Démontrer l'utilité d'un enseignement industriel applicable à Saint-Quentin. Indiquer les conditions et le programme de cet enseignement.

CHAPITRE II.

Utilité d'un Enseignement industriel.

Dans l'Université, une gradation d'études existe pour les professions dites libérales. A l'instruction primaire, succède l'enseignement secondaire, de sorte que le jeune homme peut apprendre ce qu'il y a d'essentiel et de commun dans l'ensemble des connaissances; puis, sortant de ces établissements (colléges ou lycées) il trouve des écoles spéciales, telles que : Ecole de Droit, de Médecine, Ecole supérieure, etc., de manière que, tout en gardant son indépendance, ce jeune homme arrive, ou pour mieux dire, est conduit au seuil de la vie active.

Ainsi les futurs avocats, médecins, juges, etc., ont de véritables écoles professionnelles. Il en est de même dans la carrière militaire, l'école Saint-Cyr, polytechnique, les écoles de Metz, de Saumur, de Lafère, etc., spécialisent, continuent et complètent les études de nos jeunes officiers d'armée. Qui ne sait encore que les officiers de marine font un véritable apprentissage de matelots avant d'être appelés à diriger ces immenses machines qu'on nomme navires? Qui ne sait enfin que la plupart des professions ont quelque chose d'analogue à ce qui se fait pour le médecin, l'avocat et le soldat?

Seule, l'Industrie est restée en arrière. Et pourtant, est-ce que la gloire des James Watt, l'ancien raccommodeur de machines hors de service, des Stéphenson, ce modeste ouvrier mineur dont le nom restera attaché à la création des chemins de fer, des Jacquard, ce grand ouvrier lyonnais qui, d'abord rebuté en France, refusa cependant, par patriotisme, les offres les plus avantageuses de la ville de Manchester ; est-ce que, dis-je, la gloire de ces hommes, et de tant d'autres inventeurs ou bienfaiteurs de l'humanité, ne vaut pas celle d'un maréchal de France ?

Le dévouement de ces hommes de génie et de persévérance qui ont sacrifié leur existence et leur fortune pour le bien-être de leurs concitoyens, ne peut-il soutenir la comparaison avec ces grands capitaines qui ont rempli le monde entier de leurs exploits et de leur gloire ?

On peut dire, il est vrai, que certaines écoles, telles que : Ecole-des-Mines, Centrale, des Ponts-et-Chaussées, etc., représentent l'enseignement supérieur de l'industrie ; que 3 écoles d'arts-et-métiers peuvent être considérées, en ce qui concerne le bois et les métaux, comme enseignement secondaire. Soit, nous abandonnons ce point ; cependant, nous croyons être dans le vrai en avançant que l'enseignement secondaire n'est pas assez multiplié et que l'enseignement primaire industriel est nul. En effet, un jeune homme de 16 à 18 ans, possédant souvent le titre de bachelier, a-t-il les connaissances voulues pour être placé à la tête d'un établissement industriel ? A-t-il comme le médecin, l'avocat, suivi pendant de longues années, un cours d'études appliquées ? Enfin, peut-il facilement trouver des établissements qui lui permettent de faire son apprentissage ? Non, car son enseignement universitaire l'abandonne, de sorte que souvent, pour le futur industriel, à la sortie du collége finit la tâche de l'Université. Que présente-t-elle alors à la société ? Un aspirant apprenti, obligé de s'initier aux plus simples éléments de l'industrie. « Aussi, disait un écrivain, combien doit-il paraître dur, à l'industriel, au commerçant, à l'entrepreneur, de voir des jeunes gens de 18 à 20 ans, bourrés de littérature grecque et latine, mais incapables de les aider dans leurs travaux. Trop heureux les parents s'ils peuvent ensuite refaire, en sous-œuvre, cette éducation, et si les habitudes du collége permettent à leur fils de redescendre des hauteurs littéraires à ces détails mesquins, à ces minuties qui font la fortune de la famille et du pays. »

Mais les inconvénients que nous signalons pour les classes riches, existent-ils pour les classes moins favorisées de la fortune, et l'enseignement industriel doit-il avoir seulement en vue l'éducation de l'*âme* du travail? Les parties secondaires, si l'on veut, mais cependant indispensables, ne doivent-elles pas aussi attirer notre attention.

Ce qui est vrai pour les familles aisées, est une vérité bien plus grande et souvent plus triste pour l'enfant du petit commerçant, du modeste industriel ou de l'ouvrier honnête. Agé de 12 à 13 ans, cet enfant sort des écoles primaires pour être jeté dans l'atmosphère, souvent peu morale, d'un atelier quelconque; aussi, l'ouvrier, père d'une nombreuse famille, dont les ressources ne sont que dans un travail continuel et dans une stricte économie, ne livre-t-il souvent qu'à regret son fils à l'atelier ou à l'apprentissage.

C'est qu'en effet, cet âge est précisément l'époque où les impressions laissent la plus profonde empreinte et où l'on est le moins capable de se défendre de celles nuisibles au bien-être moral; à cet âge, l'intelligence se développe, s'ouvre, s'étend, elle a continuellement besoin d'aliments, et les personnes vouées à l'éducation savent quelle sollicitude, quel zèle, quelle prudence il faut déployer pour former l'esprit et le cœur de l'enfant.

Les réflexions, souvent peu consolantes, que se fait le père de famille, expliquent donc cette indécision commune qui précède presque toujours le choix d'un état. Assurer un métier à son fils, tel est son grand désir; mais que d'exemples pour l'arrêter et faire craindre pour l'avenir de ce soutien de la vieillesse. Le père de famille comprend que les leçons de morale que des maîtres modestes se sont efforcés de donner à son enfant, ne vont-être que trop souvent effacés par ces habitudes et ces paroles grossières si communes dans les réunions d'ouvriers. Et cependant, le plus souvent que faire ? La nécessité est une loi impérieuse ; elle ne souffre même point d'objection. Quoiqu'à regret, il faut donc s'y soumettre.

Des écoles secondaires pour l'industrie sont donc de toute nécessité et les écoles d'arts et métiers sont là pour prouver que ce qui réussit pour le bois et les métaux, doit aussi réussir pour d'autres industries. Quelle que soit la manière d'envisager l'enseignement industriel, il est impossible de nier que des lacunes regrettables existent, et, quelques villes telles que Mulhouse, Roubaix, Amiens, Lille, etc., l'ont bien compris puisque, depuis quelques années, elles se sont efforcées de fonder des écoles spéciales pour leur industrie.

§ II.

Est-ce à dire que l'Université doit créer un nouvel enseignement ?

Est-ce à dire que les ressources réclamées par l'industrie peuvent être réunies, mises en œuvre avec la même facilité au sein d'une école annexée à un lycée ou de tout autre établissement public ?

Devons-nous enfin comprendre un programme industriel dans le sens du nouveau programme arrêté récemment pour les écoles improprement appelées Ecoles professionnelles et annexées à la plupart des lycées ? (*)

Non. On l'a déjà dit bien des fois et avec raison : « L'unité et la centralisation sont de bonnes choses, sans doute, mais

(*) Nous sommes heureux de faire remarquer que ce que nous avons signalé ici vient de faire l'objet d'une circulaire de M. le Ministre de l'Instruction publique.

A l'avenir les études françaises des lycées seront désignées sous le nom d'enseignement spécial, dénomination qui, d'ailleurs, caractérise mieux le programme suivi.

à leur place véritable et limitées aux objets d'un intérêt tout à fait prépondérant. Or, le domaine de l'activité industrielle comporte nécessairement l'indépendance, la spontanéité, la diversité des formes, des procédés, des méthodes. Une réglementation de métiers, une fixation de procédés ou de matières à employer, ne peut être admise par personne. Le programme officiel des études, les moyens de démonstration sont même impossibles en fait d'enseignement industriel, car, nous le répétons, avant tout il faut à cet enseignement comme à l'industrie à laquelle il doit initier, de la liberté et une indépendance complète.

« L'enseignement universitaire est par son essence méthodique et synthétique ; l'enseignement industriel doit être, avant tout, subordonné à des convenances locales, accidentelles ; il ne comporte pas un programme, mais cent programmes différents. »

Autant que possible, toute école industrielle doit être une manufacture, un petit établissement. Ainsi, nous dirons, avec un industriel très-distingué, M. Engel Dolfus, de Mulhouse :

« L'enseignement professionnel doit reposer sur *l'atelier*, » bien plus que sur *l'école* ; il doit avoir pour but un stage » précédant l'exercice de la profession. N'oublions pas, » ajoute-t-il, qu'on peut jouer à l'industrie, comme dans » l'enfance on joue aux soldats ; mais que l'un n'est pas plus » propre à former des contre-maîtres ou des chefs d'atelier, » que l'autre n'a d'utilité au point de vue militaire. »

C'est ce qu'a compris l'Angleterre ; aussi, grâce à la liberté de l'enseignement, chaque manufacture a son école spéciale. En France, nous voulons adjoindre les travaux manuels aux écoles ; en Angleterre, au contraire, on joint l'école à la manufacture : telle est probablement l'une des causes de la supériorité de nos voisins d'Outremer pour quelques parties de l'industrie manufacturière.

Enfin, il est indispensable que les personnes chargées de

l'enseignement soient enlevées à l'industrie et nullement soumises à la hiérarchie administrative, sous peine d'absence d'inspirations industrielles, de lenteur, sinon d'immobilité. Quant à la direction générale, nous croyons qu'elle doit être confiée à des membres de l'Université, car la discipline et l'organisation pédagogiques ne peuvent qu'y gagner si elles sont mises en pratique par ceux qui ont fait des études spéciales sur les moyens de diriger les enfants.

CHAPITRE III.

Ce qui existe à Saint-Quentin.

Voyons maintenant ce qui existe à Saint-Quentin, ce que réclame notre centre commercial et industriel, ce que doit désirer notre localité, ou, si l'on veut, ce qu'elle doit créer pour conserver la renommée et la prospérité qui en font la principale ville du département.

Il ne faut pas se le dissimuler, si la ville de Saint-Quentin veut conserver la place qu'elle occupe dans le commerce et l'industrie, elle doit redoubler d'efforts et d'activité, car dans ces deux branches, elle a beaucoup à faire pour se maintenir. Non-seulement l'Angleterre compte plusieurs villes qui rivalisent avec Saint-Quentin pour son commerce, mais même en France, quelques villes excessivement actives, cherchent chaque jour à lui disputer sa spécialité. Mulhouse, qui naguère encore faisait construire les métiers employés à Saint-Quentin et appelait les ouvriers de notre cité, pour les mettre en activité; Roubaix, à quelques lieues, Cambrai et quelques autres pour le commerce, Chauny pour l'industrie, Guise même qui, aujourd'hui, possède, outre plusieurs filatures, un établissement de plusieurs millions, peuvent, à juste titre, éviter nos craintes.

D'ailleurs, pourquoi ne pas rapporter les paroles mêmes d'un de nos honorables négociants et de plus notre premier administrateur. En septembre dernier, M. le Maire présidant une distribution de médailles aux élèves du Cours de dessin industriel, après avoir félicité le professeur des brillants résultats obtenus et les élèves de leur bonne volonté et de leur application, s'exprimait ainsi :

« *L'industrie, le commerce et l'agriculture veulent une*
» *place dans nos écoles* en même temps que la science, les
» lettres et les arts.

« Depuis que le triomphe d'idées nouvelles a engagé l'in-
» dustrie française dans les hasards d'une lutte difficile, nous
» ne devons rien négliger pour soutenir cette lutte ; tout est
» à étudier, à améliorer ; mais c'est par le goût que nous
» sommes tenus de défendre sur certains points notre incon-
» testable supériorité. Eh bien, ce goût, c'est vous qui le
» représentez, et, c'est parce que vous le représentez que
» vous êtes vraiment les soldats d'avant-garde de notre armée
» commerciale. »

» C'est contre vous que l'ennemi, je veux dire l'étranger, dirige ses premiers coups, c'est sur vos pas qu'il s'efforce de marcher ; si donc, il pouvait vous atteindre, il aurait la moitié de la victoire. »

Puis, après avoir retracé les efforts des Anglais, il y a vingt ans, pour enlever à nos grands centres industriels, nos dessinateurs de fabrique, il continue ainsi en parlant de l'exposition universelle de Londres.

« J'ai constaté les travaux des écoles industrielles de
» l'Angleterre ; je ne vous le cache pas, ils sont presque
» effrayants de perfection ; le goût semble avoir franchi la
» Manche, et l'industrie britannique a maintenant des auxi-
» liaires indigènes ! Prenons y garde ! Voilà Messieurs, une
» grande menace, qu'il faut détourner. Il ne faut ni reculer,
» ni céder, mais quand l'ennemi attaque, rester immobile,
» c'est reculer ! Il importe d'avancer, de toujours avancer. »

Réjouissons-nous aussi des résultats obtenus, mais cependant faisons remarquer que ce cours de dessin, qui rend et doit rendre tant de services à l'adulte, n'est qu'une branche de l'Instruction industrielle. Sans critiquer, ni l'organisation locale, ni les heures où ce cours a lieu, nous pouvons affirmer que les résultats seraient bien plus grands si cet enseignement était la continuation et l'application d'études préliminaires.

En effet, le nombre d'aspirants est encore assez facile à trouver; mais trop souvent, ces élèves, remplis de zèle et de bonne volonté, ont un défaut capital; c'est que leur instruction primaire est médiocre. Les efforts du professeur sont donc souvent pénibles et ce n'est que par une patience digne des plus grands éloges, qu'il peut présenter, en fin d'année, des dessins et des travaux qui font le plus grand honneur au maître et à l'élève.

Que ce cours soit au contraire le couronnement de l'instruction industrielle, qu'aux élèves externes et adultes, se joignent les élèves d'une école professionnelle, alors une pépinière nombreuse et jeune pourra donner des espérances que l'organisation actuelle ne permet qu'à demi.

Non pas que nous ignorions ce que l'administration locale a déjà fait pour l'Instruction en général; on citerait peu de villes de son importance qui pussent compter autant d'établissements communaux, et nous savons que les charges qu'elle s'impose à ce sujet sont nombreuses. Naguère encore, par l'établissement d'un lycée, elle a prouvé, qu'elle avait à cœur d'assurer à ses enfants tous les moyens de s'instruire.

Pour les classes inférieures, de nouveaux asiles ont été construits, l'école des Frères a été communalisée, le cours de dessin de notre grand Latour est soutenu et encouragé de tous; enfin le Cours de dessin industriel montre que cet enseignement a été, depuis longtemps, reconnu nécessaire.

Cependant ici nous devons formuler un double regret. D'abord: pourquoi avoir supprimé le cours de Physique et de Chimie qui, autrefois, se faisait dans une des salles du Collége et qui, certes, était intéressant, instructif et rendait des services incontestables à plus d'un industriel? Pourquoi donc, dans une dépense de près de 700,000 fr. pour un lycée, ne peut-on plus faire la faible part de ce cours si utile et suivi par plusieurs centaines de personnes!

En second lieu: Pourquoi ne plus pouvoir joindre à la belle énumération d'établissements communaux l'humble école primaire supérieure.

La loi de 1833, qui obligeait la création de ce genre d'écoles a été abrogée, il est vrai par celle de 1850, mais parce que l'obligation disparaissait, devait-on faire disparaître un enseignement indispensable à une cité commerciale ?

Comment a-t-on pu prouver que cet établissement n'avait plus sa raison d'être ? Le désir d'un enseignement industriel, de la part de l'Etat, de la Société académique et de la plupart des administrés est là pour dire que cette suppression a fait naître un vide, une lacune regrettable.

En effet, pourquoi avoir supprimé au budget communal, une somme de 3,000 fr. réduite à 500 fr. par la rétribution scolaire, sans tenir compte, il est vrai, d'un modeste local ?

Ce ne peut-être une raison d'économie.

Il est impossible de nier les services que cette école a rendus, puisque, avec cette faible dépense, on assurait une instruction primaire assez complète à près de 250 enfants de la classe moyenne.

Enfin, était-ce une raison de direction ? Alors, la chose était facile puisque dans l'Instruction, les maîtres ne sont nullement inamovibles.

Nous considérons donc cette suppression comme fort regrettable, car aujourd'hui, cet établissement pourrait servir de base à une école professionnelle : un programme augmenté, des améliorations matérielles faites, alors on avait là, réunis, toute une génération de travailleurs zélés et courageux. Cette idée est-elle un leurre ? Non, car la population de l'école supérieure était celle des futurs ouvriers, contremaîtres, employés de commerce, etc., et aujourd'hui la plupart de ses élèves sont dans ces diverses professions.

Mais arrêtons ici l'expression de notre regret qui semble presque faire digression au sujet qui nous occupe et recherchons ce qu'il y aurait à faire pour posséder un enseignement industriel complet.

CHAPITRE IV.

Ce qui s'est fait dans plusieurs villes.

Voyons d'abord ce que d'autres villes, animées du même désir, ont fait pour réaliser leur projet; nous prouverons ainsi que ce que nous proposons, n'est pas une utopie, mais un programme qu'une volonté ferme peut appliquer.

1°. Quelles raisons les ont déterminées ?

2°. Quelles formes d'enseignement ont-elles adoptées ?

3°. De quelles manières ont-elles réuni les capitaux nécessaires ?

Je crois pouvoir donner des renseignements utiles sur ces diverses questions, grâce au nouveau journal que vient de créer M. *Charles Gaumont*, journal rédigé par des hommes savants et amis du progrès, et qui certainement fera faire un pas immense à l'enseignement professionnel.

Commençons par la ville de Reims :

1°. REIMS.

ÉCOLE PROFESSIONNELLE.

Elle est l'œuvre d'une Société connue sous le nom de Société industrielle.

Après avoir prouvé la nécessité d'un enseignement industriel, M. Ogée, directeur de l'école s'exprimait ainsi :

« La science de l'industrie, plus particulièrement qu'aucune autre demande deux choses essentielles : la théorie enseignée par des hommes spéciaux qui, mûris dans la pratique du travail manuel, ont recueilli leurs principes sur les bancs de l'atelier ; et la pratique démontrée par ces hommes qui n'ont pas peur de manier la navette et de faire jouer les métiers sous les yeux de leurs élèves. »

« Richement pourvue, quand à l'enseignement primaire et secondaire, disait M. J. Varnier, s'adressant aux membres de la société industrielle, réunie en assemblée générale, Reims dont le commerce et l'industrie sont l'âme, n'a rien qui prépare suffisamment la jeunesse à les pratiquer. La plupart des jeunes gens sortis des écoles sont jetés au hasard, sans souci de leurs aptitudes, dans la première profession venue qui les accueille, et pour le plus grand nombre, ils n'y trouvent qu'un travail qui les rebute par son insuffisance ou son excès. De là ces découragements, ces écarts fréquents que l'on constate dans ce passage critique de l'adolescence à la jeunesse. »

Je suppose que ces extraits suffisent pour faire voir dans quel ordre d'idées cette école a été fondée ainsi que différents cours publics.

Voici le programme de l'Ecole professionnelle.

Première année comprenant 3 années de Cours ainsi réparties :

1re ANNÉE.

1°. Instruction morale et religieuse ;
2°. Grammaire ;
3°. Histoire et Géographie ;
4°. Arithmétique ;
5°. Calligraphie et comptabilité.
6°. Anglais ou Allemand ;
7°. Dessin d'ornement et graphique ;
8°. Gymnastique.

2e ANNÉE.

1°. Éléments de littérature ;
2°. Algèbre et Géométrie ;
3°. Droit commercial ;
4°. Chimie inorganique ;
5°. Fabrication, théorie et pratique ;
6°. Dessin industriel ;
7°. Agriculture, théorie et pratique.

3e ANNÉE.

1°. Rhétorique française ;
2°. Histoire du commerce ;
3°. Physique ;
4°. Chimie organique, Teinture ;
5°. Algèbre et Trigonométrie ;
6°. Mécanique, Géométrie descriptive ;
7°. Dessin de fabrique et de machines.

Un vaste atelier de fabrication, renferme les principaux systèmes de métiers à tisser, usités dans les matières textiles. De plus un jardin d'acclimatation sert aux leçons pratiques d'agriculture pour les élèves de la campagne.

L'établissement reçoit des pensionnaires, des demi-pensionnaires et des externes.

2°. COURS D'ADULTES.

1°. Cours de fabrication (théorie et pratique);
2°. Dessin appliqué aux arts et à l'industrie locale ;
3°. Droit commercial.

Ces cours ont lieu le soir, de 8 heures à 10 heures.

Une Commission permanente, dont un des membres est de service chaque semaine, surveille chacun des cours, ce qui est un puissant stimulant pour le professeur et un encouragement pour les élèves.

Outre cet appui moral, la Société donne à l'école un puissant appui matériel. Elle supporte la moitié des frais de l'école et tous les frais des cours de fabrication, de dessin et d'agriculture. Enfin elle entretient 10 boursiers, tandis que quelques autres bourses sont fondées par l'administration municipale.

2°. MULHOUSE.

ÉCOLE THÉORIQUE ET PRATIQUE DE TISSAGE MÉCANIQUE DE MULHOUSE.

Cette école a été fondée sous le patronage de la Société industrielle de Mulhouse.

Une souscription entre les établissements de l'Est produisit une certaine somme; un local fut loué et approprié; un établissement de la ville la dota généreusement d'un outillage complet perfectionné, avec machine à vapeur, transmission, etc.

Cet établissement offre l'image réduite mais complète de la manufacture à moteur continu et n'est à assimuler ni aux écoles de tissage de Lyon, ni à celles d'Allemagne qui n'ont en vue que l'enseignement du tissage à bras.

Le président du Comité de surveillance s'exprimait ainsi dans son rapport du 29 juillet dernier :

« Nous voyons tous les jours, des fabricants expérimentés » qui connaissent à fond la théorie du tissage, la fabrication » des diverses étoffes façonnées, très-embarrassés lorsqu'il » s'agit d'introduire le tissage mécanique et cela par suite » de difficultés élémentaires et pratiques. Ils commettent les » mêmes fautes qui ont été faites, il y a vingt ans, parce » que la plupart des contre-maîtres ne connaissent que la » fabrication qu'ils ont pratiquée dans l'atelier d'où ils » sortent.

» L'instruction que nous leur offrons sera donc d'une » grande utilité aux élèves de l'école, qu'ils soient fils d'in-

» dustriels appelés à diriger les établissements de leurs
» parents, ou bien des jeunes gens ayant fini leurs études
» et qui trop souvent sont embarrassés dans le choix d'une
» spécialité qui puisse leur ouvrir une carrière honorable
» et assurée, ou, enfin, fils de contre-maîtres qui ont de
» l'énergie et la ferme volonté de se pousser plus loin. »

Malgré leur étendue nous ne croyons pas inutiles quelques détails sur le matériel de cette école modèle.

Il comprend :

1 Métier mécanique à 6 navettes (Syst. Léaming et Rainston).
1 id. à 1 navette et mouvement de marches (Syst. Platt).
1 id. à 1 navette et ratière (Syst. Dickinson).
1 id. à 2 navettes et ratière (Syst. A. Kœcklin et Cie).
1 id. à 2 navettes et ratière tissant par coups imprs (id.)
1 id. à 1 navette et ratière (Syst. Kœcklin).
1 id. à 1 navette et mouvemt de marches (id).
1 id. à 4 navettes et Jacquard pour rubans (Syst. Latcha).
1 machine mécanique à parer, de 8 rouleaux (Syst. écossais).
1 id. à dévider de 20 broches.
1 id. à bobiner, de 20 broches.
1 id. à cannettes, de 6 broches.
1 id. à ourdir avec cantre vertical pour 500 bobines.
2 métiers avec et sans Jacquard pour tisser à bras.
1 ourdissoir pour chaines couleur, à bras.
1 id. à chiner et imprimer à bras.
1 machine à monter, sans ensouples, à bras.
4 id. à canneter à bras et 1 pompe à mouiller les cannettes.
2 id. dites lisages à bras.
1 id. à faire les lisses, les harnais, à bras.
1 id. avec Romaine pour le titrage des matières textiles.
1 id. à vapeur de la force de 5 chevaux.

L'école possède de plus :

1°. La série complète de plans de tissage à rez-de-chaussée et à étage, mus par roue hydraulique, turbine ou machine à vapeur.

2°. Plans de presque toutes les machines de tissage et de filature français et anglais.

Enfin nombre de machines envoyées par les inventeurs comme essais.

§ II.

PLAN D'ÉTUDES.

1°. L'ouvrier ou l'élève fait les travaux du dévidage, d'ourdissage, de parage, de fabrication des lisses avec vernissage, de harnais de rentrage des fils au corps et au peigne, enfin de tissage proprement dit.

2°. L'ouvrier contre-maître s'occupe du démontage, du montage, du réglage et de l'entretien du métier ; le montage des chaînes, la mise en marche et la bonne fabrication.

3°. L'élève directeur fait ses attributions, le calcul de prix de revient et de fabrication. L'analyse et la reproduction des divers tissus comprenant cinq parties distinctes.

1°. Armures ; 2°. piqués ; 3°. les jacquards ; 4°. les velours ; 5°. les gazes.

Un cours spécial est fait pour les élèves de l'école professionnelle et un autre pour les ouvriers et les contre-maîtres qui veulent se familiariser avec la théorie du tissage.

§ III.

ÉCOLE PROFESSIONNELLE DE MULHOUSE.

Cette école comprend 3 années distinctes :

La 1re division ne compte que 2 années d'études, pour les jeunes gens de 14 à 16 ans qui se destinent au commerce ou aux carrières analogues.

Son programme comprend et continue :

1°. Anglais et Allemand ;
2°. Littérature française ;
3°. Géographie et Histoire ;
4°. Mathématiques (cours restreint).
5°. Histoire naturelle (cours restreint) ;
6°. Droit commercial, comptabilité ;
7°. Calligraphie ;
8°. Dessin.

La 2e section comprend 4 années pour les élèves de 14 à 18 ans.

Son but est de préparer à l'industrie manufacturière subdivisée en trois embranchements : Construction de machines, Arts chimiques et Arts textiles.

Dans cette section les élèves se livrent surtout à l'étude des Mathématiques, de la Physique, de la Chimie, de l'Histoire naturelle. Le dessin géométrique, les plans, les projets de machines absorbent deux heures de la journée ; deux autres heures sont employées au laboratoire ou à l'atelier.

Il y a atelier d'ajustage, atelier de menuiserie, vaste laboratoire où se font les manipulations industrielles spécialement pour la teinture et l'impression des tissus.

Enfin les élèves destinés aux arts textiles suivent pendant deux heures, l'enseignement théorique et pratique de cette spécialité.

131 élèves formaient dernièrement la division supérieure, ainsi répartis :

Section commerciale, 32 ; section industrielle, 99 ; dont douze à l'école de tissage, 19 au laboratoire et 68 pour l'ajustage et la forge.

3o. LYON.

ÉCOLE DE LA MARTINIÈRE A LYON.

Fondée en 1831, par suite d'une donation d'un Lyonnais mort dans l'Inde, cette école n'a cessé de prospérer et de grandir ; aujourd'hui elle possède un établissement estimé un million.

Le nombre total des auditeurs est de sept ou huit cents ; celui des élèves réguliers tous externes 500 à 550.

L'instruction classique y est très-étendue et indépendamment des cours oraux toujours accompagnés de démonstrations expérimentales, du cours de dessin très-développé, l'école exerce ses élèves à des travaux manuels.

Un atelier de mécaniciens tourneurs les familiarise avec les outils et les procédés employés pour le travail du bois et des métaux. Dans un autre atelier ils peuvent s'initier à la sculpture, à la taille de la pierre tendre et du bois au modelage en terre et au moulage en plâtre, enfin des cours de fabrication s'adressent d'une manière spéciale à ceux des élèves qui se destinent à l'industrie des tissus.

Nous pensons que l'enseignement est gratuit. Les élèves ne sont pas admis avant l'âge de 10 ans et ne sont pas gardés après 14 ans.

4o. PARIS.

ÉCOLE COMMERCIALE DE PARIS.

Fondée nouvellement par la Chambre de commerce de Paris, cette institution n'a dû s'ouvrir que le 1er octobre dernier. La durée des études est de 3 années, une 4e est facultative.

Les cours comprennent :

1°. Enseignement religieux ;
2°. Ecriture ;
3°. Langue française ;
4°. Géographie et technologie commerciales ;
5°. Calcul et comptabilité commerciale ;
6°. Droit commercial ;
7°. Langues anglaise, allemande, italienne, espagnole ;
8°. Dessin.

L'âge d'admission des élèves est de 12 ans et ils doivent justifier d'une instruction élémentaire suffisante. Le régime est l'externat ; la rétribution est de 20 fr. y compris les livres.

Citons un extrait de MM. Davilliers et Denière, qui donnera une idée des raisons qui ont déterminé la chambre de commerce de Paris à fonder l'école commerciale.

« Vous avez pu remarquer que l'enseignement du Conservatoire des arts-et-métiers, de l'école Blanqui, du collége Chaptal, représente une sorte d'enseignement supérieur, que les écoles d'arts et manufactures de Turgot ouvrent particulièrement à ceux qui les fréquentent les carrières de l'administration, de l'usine et de l'atelier. Vous n'avez pas été sans observer que le bureau et le négoce ne trouvaient pas une suffisante satisfaction dans ces enseignements et vous avez constaté avec regret que les commerçants fussent fréquemment réduits à recruter leurs auxiliaires préférés dans les écoles primaires ou à l'étranger. En présence d'un semblable état de choses, nous pensons que ce serait un service incontestable à rendre au commerce que de lui fournir des hommes capables. La prompte expédition des affaires, l'économie du temps, l'élévation du prix des services, seraient les résultats assurés des améliorations apportées dans l'éducation et de l'aptitude d'un personnel trop souvent condamné à une carrière difficile et improductive. »

La Chambre de commerce ayant pris en considération, les mesures proposées, une somme de 600,000 fr. a été consacrée à la construction et à l'installation de l'école commerciale.

Mentionnons encore l'établissement religieux de Saint-Nicolas où l'enseignement, s'adressant surtout à la classe ouvrière, est primaire professionnel et enseigné par trois ou quatre artisans entrepreneurs; l'école pratique de dessin et de modelage; les cours organisés à l'Ecole des Arts-et-Métiers; ceux qui se font dans presque toutes les écoles communales de l'arrondissement, ceux de l'Association polytechnique et de l'Association philotechnique.

Enfin, et pour abréger ces longs détails, contentons-nous de signaler l'Ecole des Beaux-Arts et Sciences industrielles de Toulouse, pépinière de peintres, de sculpteurs, architectes, ingénieurs civils, conducteurs des ponts-et-chaussées, etc., fréquentée par près de 700 élèves instruits par 20 professeurs. Cet établissement nécessite une dépense annuelle de 23,000 fr.

Puis l'école d'horlogerie de Besançon, les écoles professionnelles de Ménars, d'Ivry, de Melun, de Charleville, de Lille, de Roubaix, etc.

Ajoutons seulement qu'un Cours pratique de tissage vient d'être créé à Amiens, sous le patronage de la Société industrielle qui de plus organise un musée spécialement en vue de former de jeunes manufacturiers et contre-maîtres, pour les diverses branches de son industrie locale. De nombreux dons ont été faits en machines et en argent, et chaque objet doit porter le nom du donateur.

Disons enfin que des concours sont établis entre les chauffeurs donnant des résultats qui prouvent que sur une dépense de 10,000 fr. en charbons, on peut gagner 3,000 fr. à 4,000 fr. suivant qu'il y a un bon ou un mauvais chauffeur.

Citer différents extraits des rapports de la Société industrielle de Reims, de la Chambre commerciale de Paris, de la Société de Mulhouse, etc., n'est-ce pas résumer les besoins de la ville de Saint-Quentin. Ne voit-on pas que les raisons avancées à ces diverses sociétés, sont très-vraies pour notre ville et ne semble-t-il pas que c'est ici même que nous avons entendu ces remarquables rapports ?

Traçons donc notre programme.

CHAPITRE V.

PROGRAMME PROPOSÉ.

Pour répondre à tous les besoins, à toutes les aspirations et assurer à l'enseignement professionnel toute la place nécessaire, nous diviserons notre programme en 3 parties :

1°. Ecole professionnelle ;
2°. Cours publics ;
3°. Musée commercial et industriel.

1°. ÉCOLE PROFESSIONNELLE (*).

L'utilité de cette école étant reconnue, il est facile de comprendre que St-Quentin doit nécessairement et d'abord s'en assurer la direction ; il faut qu'elle patronne et qu'elle ait droit de contrôle et de surveillance sur les futurs industriels ou commerçants. L'école sera donc sous le patronage d'une Société Saint-Quentinoise.

Les études pourront comprendre deux divisions.

1°. Division élémentaire.

Pour les enfants de 10 à 14 ans, après un examen constatant une instruction élémentaire.

(*) Nous ferons remarquer que, dans notre idée, nous accordons au mot *professionnel*, un sens plus étendu qu'au mot industriel.

Le programme serait :

1°. Instruction morale et religieuse ;
2°. Lecture ;
3°. Ecriture ;
4°. Français et littérature ;
5°. Histoire et Géographie ;
6°. Arithmétique appliquée;
7°. Géométrie élémentaire avec application ;
8°. Dessin linéaire ;
9°. Chant ;
10°. Eléments de langue anglaise ou allemande.

2°. DIVISION, *dite* SUPÉRIEURE, *subdivisée en deux Sections, savoir :*

1°. Division commerciale et agricole ;
2°. Division scientifique ou industrielle.

La section commerciale comprendrait les élèves de 14 à 16 ans et ses études seraient :

1°. Littérature française ;
2°. Géographie et Histoire commerciales ;
3°. Cours restreint de Mathématiques et de Sciences naturelles ;
4°. Cours de Droit commercial ;
5°. Calligraphie, Tenue de livres et Comptabilité ;

Pour les Élèves du Commerce :

6°. Langues vivantes ;
7°. Dessin de fabrique ;
8°. Théorie et pratique du tissage (atelier) ;

Pour les futurs Agriculteurs :

9°. Dessin linéaire ;
10° Botanique et Chimie agricole ;
11°. Arpentage et Géodésie ;
12°. Economie domestique et Droit rural.

2me SECTION, *dite* SCIENTIFIQUE.

Dans cette subdivision les élèves se livreront surtout à l'étude des mathématiques, de la physique, de la chimie, de l'histoire naturelle, de la mécanique et du dessin des machines.

De plus, il y aurait des ateliers de mécanicien-tourneur, de menuiserie et un cours de tissage très-développé pour les chefs industriels.

La durée des études serait de 4 années de 14 à 18 ans. Ainsi, il y aurait bifurcation suivant que les élèves se destineraient au commerce ou à l'industrie. Les élèves qui se distingueraient par une aptitude prononcée dans l'une de ces deux branches, pourraient obtenir, alors que leurs études seraient complètes, un diplôme constatant leur savoir et leur bonne conduite.

Dans tous les cas, il y aurait pensionnat et externat et un certain nombre de bourses pourraient être créées, par les fondateurs et par l'Administration municipale, pour les élèves des écoles communales de Saint-Quentin.

Afin de ne pas éveiller de justes susceptibilités et aussi dans le but de ne pas sacrifier, au triomphe de quelques élèves, l'instruction générale de ces établissements, ces bourses seraient réparties en nombre égal dans chacune d'elles, ce qui ne pourrait que contribuer à maintenir une noble émulation entre les élèves d'une même école.

Cette institution répondrait à un besoin réel, à un besoin que ressentent les familles de notre centre industriel, et qu'elles réclament depuis longtemps. La preuve en est dans la prospérité de quelques pensions dont la direction des études tend à un but professionnel. Telle est à notre avis la principale cause de leur succès.

Nous croyons inutile d'entrer dans des détails de direction ; car un maître expert et voulant réellement un enseignement professionnel ne sera jamais à bout de ressources ; il pourra faire face, par son intelligence et son activité, aux nombreuses difficultés de détail que présente nécessairement toute organisation scolaire.

Cependant nous devons répondre à une objection qui pourrait nous être faite : « Ce que vous proposez est possible et même à désirer, mais indiquez-nous des chiffres qui nous donnent votre idée appliquée. »

Un savant publiciste écrivait dernièrement : « Nous n'aimons pas les chiffres, parce qu'il n'y a pas de plus menteurs que les chiffres. » Nous sommes du même avis. Ne sachant sur quelles sommes nous devons opérer, ne pouvant évaluer le concours individuel de nos manufacturiers et de nos industriels qu'après enquête, nous ne pouvons arrêter aucun plan ; car, il n'est douteux pour personne qu'une organisation basée sur un capital de 100,000 fr. ne peut être la même que celle basée sur 500,000 fr.

Pour tout ce qui est création nouvelle dans une ville, on fait, avec raison, enquête extrà muros et intrà muros, c'est-à-dire que l'on recueille tous les renseignements possibles des villes qui nous entourent et que l'on cherche à apprécier le vœu des habitants.

Nous croyons qu'il doit en être ainsi pour la question qui nous occupe. La création d'une école professionnelle une fois arrêtée en principe, une délégation devrait nécessairement être envoyée dans quelques villes afin de constater les résultats obtenus, tout en se rendant compte du détail des dépenses faites. Quant à nous, nous nous reconnaissons, sinon tout-à-fait incompétent, du moins dans l'impossibilité de faire ces excursions coûteuses.

2°. COURS PUBLICS *suivis par les différentes sections de l'École professionnelle, chacune en ce qui les concerne.*

Cette division comprendrait nécessairement :

1°. Cours de dessin artistique et de fabrication ;
2°. Cours de dessin industriel ;
3°. Cours de physique et de chimie qui est à créer.
4°. Cours de droit commercial id. ;
5°. Cours d'agriculture et de botanique, id.

Ce qu'il y aurait à faire pour ces divers cours comme création, nécessiterait une faible dépense ; mais ce qu'il faudrait à tous, ce serait d'abord une certaine liaison, un certain ensemble ou pour mieux dire une *direction unique*. Ce résultat serait facile à obtenir par une entente entre les différentes Sociétés dont s'honore la ville de St-Quentin. Plusieurs conseils de surveillance seraient formés pour ces cours et quelques membres désignés, les présidents, par exemple, formeraient une sorte de conseil supérieur qui, chaque année, en assemblée générale, ferait un rendu-compte des résultats obtenus.

Il nous semble que MM. les négociants, les industriels, les agriculteurs qui appartiennent à nos sociétés St-Quentinoises adhéreraient volontiers à une combinaison qui assurerait des avantages incontestables à toute la place de St-Quentin.

Enfin si à ces cours d'adultes faits à des heures différentes ou même à des époques différentes, on ajoutait quelques cours d'instruction primaire, de français, de mathématiques élémentaires, par exemple, nous croyons alors qu'on répondrait aux nombreux besoins de l'instruction locale.

Pour ce qui est du personnel enseignant réclamé par ces diverses créations, nous osons avancer qu'il n'y a qu'à s'adresser aux hommes de progrès et de talent dont s'honore la ville de St-Quentin ; nous serions bien trompé dans nos convictions si ces personnes honorables, que nous ne pouvons nommer puisque nous parlons personnellement, se refusaient de consacrer quelques moments à l'éducation industrielle de notre place. Si nous ne croyions ne pas aller trop loin, nous désignerions cependant, pour certains cours, les instituteurs modèles de notre ville. Nous ne doutons pas qu'ils ne répondent volontiers à l'appel qui pourrait leur être fait et certes l'expérience de ces hommes modestes ne doit pas être à dédaigner.

3°. MUSÉE COMMERCIAL ET INDUSTRIEL.

Nous avons déjà dit que la Société industrielle d'Amiens, avait compris l'importance de cette création.

Nous ne pouvons nous empêcher de citer un extrait du rapport qui donnera une idée de ce musée.

« Après avoir obtenu votre autorisation, dit M. Gaud à la Société industrielle, nous avons pris un abonnement aux Soieries de Lyon.

» Au moyen de *registres-albums*, tous les échantillons sont classés à mesure de leur envoi, par catégorie de genre :

» Ici les *grandes moires antiques*, espèces de sillons brillants et accidentés sur lesquels s'étalent gracieusement des groupes de fleurs en sautoir ou des ramages brodés à la Jacquard.

» Là, de *jolies petites fantaisies*, de mignonnes compositions, des riens pleins de coquetterie, jetés sur des millerets ou des réseaux d'une délicatesse extrême.

» Plus loin des *robes* sur lesquelles de charmants dessins imprimés avant tissage, se combinent avec d'autres dessins brochés et offrent des fuyants, des veloutés et des chatoiements du plus délicieux effet.

» Plus loin encore, les *soieries* dont les dessins exécutés au battant brocheur, semblent brodés par la main d'une fée.

» Enfin viennent les *gazes* d'une finesse, d'une transparence, d'une régularité de réduction irréprochable.

» Il n'est point douteux, ajoute l'honorable rapporteur, que ces matériaux ne présentent un très-grand intérêt aux manufacturiers et que souvent ceux-ci ne viennent consulter ces mines d'idées excellentes et sans cesse renouvelées. »

Ces albums de commerce qu'édite la place de Lyon ne devraient-ils pas exister pour chaque ville industrielle? Qui pourrait contester les immenses avantages qui résulteraient de ces recueils, de ces publications, et n'est-il pas facile de s'en faire une idée juste par les expositions universelles? En effet ne serait-ce pas une exposition permanente qui aurait tous les avantages de ces grandes concentrations du génie de l'homme sans en avoir un des inconvénients : La trop grande diversité.

Nous dirons donc avec M. Gaud :

« Eh Messieurs, si quelques villes, Roubaix entre autres, trouvent plaisir, savoir et richesse à étudier les étoffes lyonnaises, pourquoi ne ferions nous pas comme Roubaix. »

Ce qui est vrai pour Roubaix et Amiens ne l'est-il pas pour Saint-Quentin, puisque si son commerce n'est pas celui de ces villes du moins, il y a analogie.

Oui, nous croyons qu'avec un peu d'efforts, de démarches et de dépenses on peut concentrer, réunir les différents procédés, les différents genres, les diverses nouveautés de la place de St-Quentin. Alors, nous aussi, nous verrons renaître la vie dans nos ateliers ; le bruit des navettes succédera à un silence qui a pour cause principale notre apathie, notre manque de dévouement à la chose publique et surtout une parcimonie mal comprise. Nous ne devons d'ailleurs oublier qu'en industrie comme en toute autre chose, rester stationnaire c'est rétrograder.

Enfin, et pour compléter notre programme et notre musée, nous proposons de réunir tous les systèmes de machines, soit pour les manufactures, soit pour les constructions ; une espèce de petit Conservatoire qui, certes, rendrait des services bien plus importants qu'un musée de peinture. Non pas que nous contestions le mérite de ces sortes de musée de province ; nous avançons seulement qu'un musée industriel serait apprécié et consulté par un bien plus grand nombre de personnes qu'un musée de peinture où l'œuvre du grand artiste ne peut être sérieusement jugée, admirée ou critiquée que par un artiste même.

On a quelque fois objecté pour des expositions analogues (dessin du commerce et application) que la concurrence s'emparait des procédés acquis après bien des recherches, de sorte qu'une faible rémunération était souvent la récompense de longs travaux. Nous répondrons à cette objection : Que les inconvénients sont réciproques et qu'avant tout il faut raisonner au point de vue général, ou plutôt que cette raison n'est dictée que par un égoïsme mal calculé. D'ailleurs, cette observation a-t-elle une valeur réelle à côté des expositions dans lesquelles les états rivaux ne craignent pas de figurer ? Qui se retire du combat est regardé comme vaincu, et c'est justice, du moins d'après notre manière de juger les choses.

Tel serait le programme de l'enseignement industriel de notre cité.

Voyons maintenant les moyens de l'appliquer.

CHAPITRE VI.

CONDITIONS ET MOYENS D'ORGANISER L'ENSEIGNEMENT INDUSTRIEL.

§ 1.

Il ne faut pas se le dissimuler, prétendre l'exécuter tout d'un coup est chose impossible ; il faut opérer graduellement et profiter de toutes les circonstances qui se présentent et qui peuvent en favoriser l'exécution partielle. Nous sommes loin d'ailleurs de vouloir donner les seuls moyens d'appliquer notre idéal projet ; nous nous permettons seulement d'en indiquer quelques points.

Comment arriver à fonder une école professionnelle? Au moyen d'une sourcription locale, ou même de l'arrondissement, et au moyen d'une subvention de l'administration communale. On réaliserait ainsi un capital, soit pour l'achat et la construction d'un local, soit plutôt pour la location. Il n'entre pas dans nos études, d'indiquer les moyens d'une souscription, j'en laisse les soins aux gens experts ; j'avance seulement une idée qui, plusieurs fois déjà, a donné les résultats les plus satisfaisants.

Sans doute, va-t-on dire, le moyen est facile à indiquer, mais l'application en est-elle possible. Nos industriels voudront-ils répondre à l'appel que vous leur ferez ?

Je répondrai : Prétendez-vous donc jouir des avantages d'un enseignement indispensable sans en supporter quelques charges ? Est-ce que vous ne pourriez faire ce que Mulhouse, (toujours Mulhouse) a fait, ce qu'ont fait Lille, Roubaix, Amiens, Reims, etc. ? Nier la possibilité de fonder l'enseignement industriel, faute de ressources, c'est se reconnaître inférieur aux villes concurrentes, c'est se reconnaître inférieur aux villes d'une population moitié moindre, mais dont l'activité semble presque défier la nôtre.

Si nous nous en rapportons aux statistiques, nous voyons que le département de l'Aisne est le 4e de l'empire, pour l'Industrie et certes, la ville de Saint-Quentin et son arrondissement ne doivent pas peu contribuer à assurer cette belle place à notre riche département. Est-il donc possible d'admettre que le Saint-Quentin de 1863 renie ses pères, qu'il perde de son activité et que ses habitants deviennent, sinon inactifs, du moins peu soucieux de leur prospérité et de leur titre de gloire ?

D'ailleurs, est-ce que vous avez obtenu un Lycée sans de grandes dépenses, et aujourd'hui que grandes dépenses sont faites, que possédez-vous, puisque cet établissement est la propriété de l'Etat ?

N'est-ce pas en contribuant aux dépenses, que vous avez d'abord obtenu l'Ecole des Frères, aujourd'hui communalisée ? N'est-ce pas par souscription que vous avez réalisé cette somme importante qui a permis de fonder l'établissement des Petites-Sœurs, qui aujourd'hui sert de refuge à plus de 120 vieillards ou vieilles femmes ?

Enfin, considérez ce qui se passe dans une branche de l'Industrie agricole.

Ne voyez-vous pas chaque année, l'association fonder de nouvelles fabriques de sucre et répandre ainsi le travail dans les campagnes ? Pourquoi la chose serait-elle plus difficile pour le négoce et pour l'industrie manufacturière, alors que, bien souvent, les capitaux sont plus considérables ?

A cette objection de manque de ressources que nous ne pouvons admettre, on peut nous en faire une seconde que nous regardons plutôt comme spécieuse que sérieuse, mais enfin que nous devons prévenir.

Nous possédons les divers établissements cités, mais ces nombreuses créations n'ont été obtenues que parce que la question de morale religieuse, de charité prédominait, et ce n'est qu'à cette condition que notre but a été atteint. Ce que vous proposez, au contraire, est surtout envisagé à un point de vue matériel ; c'est une amélioration de bien-être, de prospérité, de richesse ; après tout, c'est une affaire un peu mercantile.

Nous nous empressons de répondre que telle n'est point notre pensée, au contraire, nous croyons et nous avons toujours cru, en proposant notre programme, être d'abord, religieux, charitable et moral, conditions d'ailleurs indispensables à toute école, à toute association ; en second lieu seulement, ami d'un travail raisonné, intelligent, essentiellement progressif, se basant non plus sur la routine, mais sur la science ; — ami de la famille ouvrière, en lui assurant une juste rémunération pour un travail continuel, de manière à obliger moins souvent ses membres d'avoir recours aux établissements de bienfaisance ; — ami de la famille industrielle, en lui donnant une prospérité encourageante pour ses enfants ; — enfin, ami de la cité, en lui assurant une activité, un travail non interrompu.

Prenons y garde ! d'autres villes voisines créeront peut-être dans peu de temps ce que nous n'essayons pas de fonder et alors nous serons réduits à regretter notre apathie, notre manque d'initiative, notre pusillanimité ou nos craintes chimériques, comme cela existe déjà pour les vastes ateliers de Tergnier.

Réunissez-vous donc, formez une association, ayez tous la ferme volonté d'arriver à votre but, alors le succès couronnera vos efforts et votre persévérance,

§ II.

Pour ce qui est des ateliers, est-ce que chaque industriel n'a pas à cœur de se préparer des aides? Chacun d'eux voudra certainement attacher son nom à une fondation qui lui est directement nécessaire. Tous nos industriels contribueront en partie à fournir l'outillage des ateliers, soit pour les métaux, soit pour la filature; tous nos maîtres menuisiers, charpentiers, etc., contribueront de même à ce que réclame le travail du bois; nos honorables négociants, comme ceux de Paris comprendront l'importance de préparer des employés capables pour le négoce et le bureau, enfin, la ville et l'Etat seconderont facilement les cours réclamés, entre autres la création ou plutôt la réorganisation d'un Cours de Physique et de Chimie.

Quant au local nécessaire, que d'établissements aujourd'hui fermés pourraient servir!

Mais alors que deviendrait le Lycée? rassurez-vous; il restera ce qu'il doit être avant tout. Il préparera les élèves aux nombreuses écoles du gouvernement, aux carrières dites libérales, telles que avocats, avoués, juges, ingénieurs, médecins, professeurs de l'Université, administrateurs civils, — aux emplois de la finance, de l'enregistrement, des hypothèques, etc., etc. Est-ce que sa part ne serait pas encore assez grande et assez belle?

Ce que nous idéalisons, c'est une *école secondaire d'arts-et-métiers* augmentée d'une *école de tissage* et d'une *école commerciale* et même *agricole*.

Sans doute la ville et l'Etat pourront subvenir en partie aux dépenses nécessaires. Mais nous devons le dire, si l'administration doit toujours et a certainement à cœur d'améliorer le bien-être de ses concitoyens, nous voudrions cependant, à l'exemple de l'Angleterre, que l'initiative personnelle, l'esprit d'association se développât; et qu'enfin la tutelle du gouvernement fût moins souvent implorée.

Telles sont nos vues personnelles, nous les soumettons humblement à la Société. Si nous nous sommes trompé, si nous avons traité médiocrement et succinctement une des belles questions que la Société a proposées, qu'elle nous le pardonne et qu'elle veuille bien croire qu'avant tout, nous avons voulu apporter une faible pierre à l'édifice d'un enseignement que nous désirons de plus en plus, à mesure que nous vieillissons dans l'instruction primaire, et que nous essayons même d'appliquer, chaque jour, selon nos ressources.

Bien des fois, dans notre travail, nous nous sommes effacé, nous avons substitué à nos faibles expressions, les paroles éloquentes des champions du Commerce et de l'Industrie, afin de prouver la valeur et la possibilité de réaliser notre idée.

Quoi qu'il en soit, nous ne doutons pas que cette question ne soit traitée par des voix plus savantes que la nôtre; cependant, sans aucune idée d'orgueil et par amour seul de l'Instruction locale, nous n'avons pas cru devoir nous abstenir.

FIN.

TABLE DES MATIÈRES.

PAGES.

CHAPITRE I. Considérations générales 7
— II. Utilité d'un Enseignement industriel. 11
— III. Ce qui existe à Saint-Quentin. 17
— IV. Ce qui se fait dans plusieurs villes 21
— V. Programme proposé 33
— VI. Conditions et moyens d'organiser l'Enseignement industriel 41

FIN DE LA TABLE.

St-Quentin. — Imp. HOURDEQUIN et THIROUX, rue du Palais-de-Justice, 23.

www.ingramcontent.com/pod-product-compliance
Ingram Content Group UK Ltd.
Pitfield, Milton Keynes, MK11 3LW, UK
UKHW022144170726
13837UKWH00004B/1766